Umar Malumfashi Ibrahim
W. Akin Hassan

Os canais de abastecimento dos bandos de aves de capoeira das aldeias de pequenos agricultores em Sokoto

Umar Malumfashi Ibrahim
W. Akin Hassan

Os canais de abastecimento dos bandos de aves de capoeira das aldeias de pequenos agricultores em Sokoto

ScienciaScripts

Imprint
Any brand names and product names mentioned in this book are subject to trademark, brand or patent protection and are trademarks or registered trademarks of their respective holders. The use of brand names, product names, common names, trade names, product descriptions etc. even without a particular marking in this work is in no way to be construed to mean that such names may be regarded as unrestricted in respect of trademark and brand protection legislation and could thus be used by anyone.

Cover image: www.ingimage.com

This book is a translation from the original published under ISBN 978-3-639-71810-2.

Publisher:
Sciencia Scripts
is a trademark of
Dodo Books Indian Ocean Ltd. and OmniScriptum S.R.L publishing group

120 High Road, East Finchley, London, N2 9ED, United Kingdom
Str. Armeneasca 28/1, office 1, Chisinau MD-2012, Republic of Moldova, Europe
Managing Directors: Ieva Konstantinova, Victoria Ursu
info@omniscriptum.com

Printed at: see last page
ISBN: 978-620-8-39200-0

Copyright © Umar Malumfashi Ibrahim, W. Akin Hassan
Copyright © 2024 Dodo Books Indian Ocean Ltd. and OmniScriptum S.R.L publishing group

ÍNDICE DE CONTEÚDOS

Resumo

Vinte e nove (29) cópias de um questionário aberto foram administradas em Gangaren Dange e Dogon Karfe de outubro a dezembro de 2010 para determinar as fontes de aves de capoeira e ovos indígenas e as várias distribuições dos bandos para os consumidores. Os itens abordados no questionário incluíam: os dados do inquirido, as espécies de aves de capoeira e de fornecimento de ovos, e a motivação, desafios e perspectivas. As duas localidades pertenciam ao Governo Local de Dange e ao Governo Local de Bodinga, respetivamente. A informação obtida foi analisada com recurso à estatística descritiva. Os resultados obtidos mostraram que cerca de 60% dos vendedores ambulantes tinham uma experiência de cerca de 20 anos no negócio; o desembolso médio de capital era de cerca de #l8, 000; a maioria deles gerava menos de #2, 000 por semana. Quase todos os inquiridos vendiam aves domésticas e galinhas d'angola; apenas três quartos adquiriam as suas aves e ovos através de colectores rurais em cerca de uma dúzia de aldeias.

Capítulo 1

The Channels of Supply of Smallholder Village Poultry Flocks in Sokoto State (Os canais de abastecimento dos bandos de aves de capoeira de aldeia de pequenos agricultores no Estado de Sokoto).

As aves de capoeira, em particular as galinhas, são as espécies pecuárias mais criadas no mundo e também as mais numerosas (Perry *et al.,* 2002; Moreki *et al.,* 2010). Por conseguinte, existe um interesse crescente na utilização das aves de capoeira como instrumento de redução da pobreza nas aldeias de todo o mundo. A FAO (2000) estimou a produção total de carne em 245 milhões de toneladas e cerca de 30% dessa produção era de aves de capoeira, principalmente de frangos produzidos nos países em desenvolvimento. Muitas vezes, os stocks locais de aves de capoeira servem como fonte principal de proteínas animais para os pobres, uma vez que são acessíveis às famílias rurais. Mais de 80% da produção de aves de capoeira encontra-se nos agregados familiares rurais (Sonaiya *et al.,* 1992). As aves de capoeira contribuem em grande medida sob a forma de carne e ovos para a maioria da população dos países em desenvolvimento (Raji *et al.,* 2007). Mais ainda, ao contrário de outros animais de criação, como o gado, as aves de capoeira, em particular as galinhas, desempenham um papel importante no sistema de pequenos produtores nos países em desenvolvimento (Weigend *et al.,* 2004). A produção de aves de capoeira é, por conseguinte, um meio eficaz de transferir riqueza dos consumidores urbanos com rendimentos elevados para os membros pobres das comunidades rurais e periurbanas.

As estatísticas comparativas do Departamento Federal de Pecuária em 2009 apontam para uma produção de aves de capoeira superior a 400 000 toneladas métricas na

Nigéria. Fayeye e Oketoyin (2006) observaram que as galinhas nativas constituem cerca de 80% das aves de capoeira na Nigéria. A produção de frangos ao ar livre representa um sistema importante para abastecer a população humana em rápido crescimento e proporcionar um rendimento adicional aos pequenos agricultores com poucos recursos, especialmente às mulheres (Gueye, 2009). A sua importância não pode, por conseguinte, ser demasiado enfatizada, uma vez que se tornou uma indústria popular para os pequenos proprietários que têm um grande contributo para a economia do país (Aboki *et al,* 2013).

As galinhas indígenas são as mais comummente distribuídas em todos os cantos dos países tropicais de África, onde são mantidas pelas populações rurais pobres (Ajayi, 2010; Mengesha, 2012). Mais ainda, como consequência da seleção natural, as galinhas indígenas demonstraram ser mais resistentes às doenças (Minga *et al.,* 2004). Devido ao seu desenvolvimento, podem estar melhor adaptadas para sobreviver em condições difíceis, sem programas de gestão adequados e com recursos limitados. São resistentes, adaptáveis e preferidas pelos consumidores (Kitalyi, 1998). Sabe-se também que possuem qualidades como a capacidade de eclodir sozinhas, de procriar e de procurar a maior parte do seu alimento e possuem uma imunidade apreciada contra doenças endémicas (Ajayi, 2010).

A maior parte das aves de capoeira na Nigéria é mantida num sistema de maneio extensivo com poucos factores de produção. Em todo o mundo, há um interesse renovado nos sistemas tradicionais de produção avícola (Panda e Mohapatra, 1998). É de notar que as perdas significativas de aves de capoeira nas aldeias se devem à predação e ao roubo, uma vez que a maioria dos agregados familiares não providencia alojamento para as suas aves.

Um estudo realizado no Delta do Níger mostrou que a avicultura familiar contribui com 35% do rendimento das mulheres do agregado familiar, e estima-se que representa cerca de 25% e 50% do salário mínimo nigeriano e do rendimento per capita, respetivamente (Alabi *et el.,* 2006). Além disso, as experiências no Bangladesh e noutros países mostraram que a avicultura de aldeia pode ser utilizada como um instrumento de redução da pobreza (Jensen e Dolberg, 2002). Por conseguinte, em todo o mundo em vias de desenvolvimento, estes sistemas de criação de aves de capoeira com poucos factores de produção e de baixo rendimento são uma componente integral dos meios de subsistência da maioria das famílias rurais e peri-urbanas, e de algumas famílias urbanas, e é provável que continuem a desempenhar este papel num futuro previsível.

Alguns benefícios das aves de capoeira autóctones

- A carne e os ovos são mais saborosos e preferidos pela maioria dos consumidores do que os obtidos a partir de raças comerciais
- O investimento inicial é inferior ao necessário para manter as raças comerciais
- Mais tolerante a condições adversas, incluindo doenças, do que as raças comerciais
- Pode ser alimentado com rações baratas e disponíveis localmente
- Quando são deixados em liberdade, necessitam de pouca alimentação ou outros cuidados
- As mulheres e os jovens controlam frequentemente o rendimento das galinhas

- Os mercados locais estão facilmente disponíveis tanto para galinhas como para ovos
- Os excrementos são ricos em nutrientes: podem ser utilizados para fazer composto, fertilizar lagos e como alimento para o gado.

Importância da diversidade das aves de capoeira locais em África

Cerca de 90% dos pequenos agricultores do Quénia criam aves de capoeira indígenas, a maioria das quais são galinhas indígenas (Gichohi e Maina, 1992). Os ovos e a carne das galinhas indígenas contribuem para a nutrição proteica de vários agregados familiares no país. As vendas de produtos avícolas aumentam e diversificam as receitas do sector pecuário. O subsector das aves de capoeira cria emprego e promove o desenvolvimento económico global. Culturalmente, as galinhas indígenas têm sido utilizadas na medicina tradicional e em vários ritos culturais (Dessie, 1996; King'ori, 2004; Moreki *et al.,* 2010). Relativamente a outras espécies pecuárias, a produção de galinhas tem a vantagem de ter um retorno rápido do investimento e práticas de gestão relativamente simples, com numerosos mercados para os produtos. A venda de produtos, especialmente ovos em unidades de baixo valor, torna os produtos de frango acessíveis aos escalões de rendimento mais baixos (Say, 1987; FAO, 1997).

Panorâmica dos ecotipos locais de aves de capoeira na Nigéria

A galinha indígena nigeriana é uma ave de dupla finalidade, utilizada tanto para a produção de carne como de ovos nas zonas rurais e periurbanas do país. Encontram-se em grande número, distribuídas por diferentes zonas agro-ecológicas, num sistema tradicional de gestão familiar (Sonaiya e Olori, 1990). A maior parte das aves são mantidas em pequenos bandos sob um sistema de recolha e os recursos alimentares para as aves são o lixo doméstico, os restos de colheita, as ervas, as sementes, as ervas verdes, as minhocas, os insectos e uma pequena quantidade de alimentos suplementares oferecidos pelos proprietários dos bandos. Estão bem adaptadas às condições climatéricas adversas do ambiente tropical e a um baixo nível de gestão. Contêm um sistema genético altamente conservado com elevados níveis de heterozigotia (Wimmers *el al.,* 2000). Isto indica que se trata de animais de criação muito importantes, mantidos como boa fonte de proteínas animais, para obtenção de rendimentos e para funções sócio-culturais. Ebozoje e Ikeobi (1995) referiram o potencial de adaptação das galinhas indígenas nigerianas a condições ecológicas variadas, stress e doenças. Têm sido feitos alguns esforços para caraterizar as galinhas indígenas da Nigéria. Estes esforços incluem: classificação com base em ecotipos (Sonaiya e Olori, 1990), com base na plumagem e na cor do pernil (Ebozoje e Ikeobi, 1995; Ikeobi *et al.,* 1996), posse dos principais genes da distribuição e estrutura das penas (Ebozoje e Ikeobi, 1995).

Na Nigéria, existem vários ecótipos de galinhas locais nas diferentes zonas agro-ecológicas. Conceptualmente, os diferentes ecótipos podem ser agrupados em duas categorias principais, com base no tamanho e no peso do corpo, como ecótipo "pesado" e ecótipo "leve". Os ecótipos "pesados" encontram-se nas savanas secas (savanas da Guiné e do Sahel), nas regiões montanhosas e nos kraals de gado do norte da Nigéria e pesam entre 0,9 e 2,5 kg na maturidade. Os ecótipos "light" são os frangos das zonas agro-ecológicas do Pântano, da Floresta Tropical e da Savana Derivada, cujo peso corporal natural varia entre 0,68 e 1,5 kg. O ecótipo "ligeiro" foi referido (Nwosu, 1990) como tendo potencial para a produção de ovos. O ecótipo pesado não foi objeto de muita investigação científica, tal como o ecótipo "ligeiro", embora Momoh *et al.* (2004) tenham referido que o ecótipo "pesado" tem potencial para a produção de carne. As diferenças nas condições climáticas, nas actividades de produção agrícola e no sistema local de produção de frangos entre as várias zonas agro-ecológicas podem afetar os níveis de produção de frangos locais encontrados nas diferentes zonas agro-ecológicas. Além disso, a separação geográfica ao longo do tempo, tal como se observa nos diferentes nichos ecológicos, pode ter produzido entidades genéticas. Os dois ecótipos podem, portanto, diferir em muitas caraterísticas de produção dos ecótipos "pesados" e "leves" em condições de gestão melhoradas.

Desempenho das galinhas domésticas indígenas

As galinhas indígenas têm um comportamento inerente de procura de alimentos e de nidificação. Anos de seleção natural, em condições de necrófago, tornaram-nas robustas e tolerantes/resistentes a várias doenças, especialmente às causadas por bactérias, protozoários e outros parasitas internos e externos; têm uma taxa de sobrevivência melhor do que as estirpes híbridas comerciais em condições de produção na aldeia (Minga *et al.,* 2004; Sonaiya *et al.,* 1999). Contudo, a galinha da aldeia é uma fraca produtora de ovos, pondo em média 40 a 60 ovos por ano em três ou quatro ninhadas, com um peso médio dos ovos de cerca de 35-45 gramas (Gueye, 1998). Esta baixa taxa de postura deve-se a vários factores: baixo potencial genético; efeitos sazonais; baixos níveis de nutrição; e a falta de capacidade de criação. As galinhas indígenas têm geralmente um tamanho corporal pequeno; para as raças de galinhas africanas e asiáticas, o peso corporal maduro varia entre 1,3 e 1,9 kg para os machos e entre 1,0 e 1,4 kg para as fêmeas (Musharaf, 1990; Shanawany e Banerjee, 1991). Dado este nível de produtividade, a contribuição relativa das galinhas indígenas para a produção de carne e de ovos é inferior à sua contribuição numérica. As estimativas aproximadas produzidas por Pym *et al.* (2006) sugerem que a contribuição dos genótipos autóctones para o consumo de ovos é provavelmente bastante baixa na maioria dos países, mas que a contribuição para a produção e o consumo de carne é provavelmente bastante substancial.

Conservação de ecotipos locais de aves de capoeira

Nos países em desenvolvimento, o papel das aves de capoeira, especialmente das galinhas, na agricultura de pequena escala e a preferência dos consumidores pela carne de aves locais apoiarão a utilização contínua de muitas raças locais, reduzindo assim a necessidade de intervenções diretas de conservação. Além disso, as aves de capoeira são mantidas como passatempo em muitos países desenvolvidos e nalguns países em desenvolvimento. Esta prática oferece oportunidades de conservação, o que permite a evolução contínua das raças. Os institutos de investigação e as universidades da América do Norte e da Europa tentam conservar as raças locais, principalmente galinhas, e as linhas experimentais que não têm uso atual (Gibson *et al.,* 2006). Devido a limitações orçamentais, estes bandos de aves de capoeira correm, em muitos casos, o risco de serem abatidos.

Existe um grande número de raças autóctones ou locais, e muitas delas são consideradas exclusivas de uma determinada região ou ecozona, mas, como vimos, vários estudos moleculares mostraram a não diferenciação entre estas populações de raças ou ecozonas. Isto levanta duas questões: existe alguma diferença genética entre as várias raças de um determinado país? Como os recursos são sempre limitados e os compromissos são inevitáveis, que raças devem ser desenvolvidas e quais devem ser conservadas?

Os dados sobre os sistemas de produção, os fenótipos e os marcadores moleculares devem ser utilizados em conjunto numa abordagem integrada da caraterização. É necessária uma descrição exaustiva dos ambientes de produção, a fim de compreender melhor a aptidão adaptativa comparativa de recursos genéticos animais específicos. Além disso, o mecanismo de defesa contra agentes patogénicos deve ser uma prioridade, dada a importância das ameaças colocadas pelas epidemias e pelas alterações climáticas. É, pois, necessária uma caraterização fenotípica no terreno e nas estações.

A maioria dos programas de criação, destinados a melhorar a produtividade das galinhas indígenas, recorreu ao cruzamento de raças. Esta abordagem tem proporcionado uma produtividade significativamente mais elevada, mas tem resultado numa perda ou diluição dos caracteres morfológicos das aves indígenas e do seu instinto de procriação. Por exemplo, a raça Sonali, no Bangladesh, era uma combinação de raças de alto rendimento em condições de semi-escavação (Rahman *et al,* 1997).

Utilização de ecotipos locais de aves de capoeira

Mais de 80% da produção mundial de aves de capoeira é efectuada nos sistemas de produção das aldeias, contribuindo até 90% dos produtos avícolas em alguns países em desenvolvimento (Gueye, 1998). As aves de capoeira de aldeia dão um contributo substancial para a segurança alimentar das famílias em todo o mundo em desenvolvimento. Ajudam a diversificar os rendimentos, fornecem alimentos e fertilizantes de alta qualidade e actuam como forma de poupança e de seguro para as famílias. Como a criação de aves de capoeira é uma atividade geralmente realizada por mulheres, também contribui para o empoderamento das mulheres. Estudos de impacto demonstraram que o rendimento da venda de ovos do sul da Ásia é utilizado para educar as crianças e iniciar o processo de acumulação de activos (Dolberg, 2003). Além disso, a venda de produtos avícolas permite o investimento noutros animais, como cabras e gado, na expansão da produção avícola e noutras empresas (Alders, 2004). As aves de capoeira da aldeia são um dos poucos bens do agregado familiar sobre os quais as mulheres têm autoridade, o que lhes permite ter uma maior influência sobre o momento em que as aves são eliminadas e sobre a forma como são utilizados os proventos da venda.

As raças locais podem ser vendidas a preços mais elevados devido à sua utilização ritual específica para sacrifícios. Ao analisar o mercado, é portanto necessário ter em conta este facto e verificar antecipadamente se as raças exóticas podem ou não competir nestas condições (Branckaert, 1997). A melhor maneira de melhorar a produtividade dos frangos autóctones, sem alterar nenhuma das caraterísticas morfológicas apreciadas pelos aldeões, é selecionar caraterísticas produtivas dentro de uma dada população. Em termos de taxa de melhoramento, este é um processo lento comparado com o cruzamento com uma raça geneticamente superior. Iyer (1950) efectuou uma seleção num bando de galinhas Deshi da Índia e conseguiu aumentar a produção anual de ovos de 116 ovos para cerca de 140 ovos por galinha, através de seis gerações de seleção. O peso médio dos ovos do bando também aumentou de 43 para 49 g.

Capítulo 2

Método

Localização do estudo

O inquérito foi efectuado em dois locais ao longo de duas estradas principais do Estado de Sokoto: Gangaren Dange (ao longo da estrada Sokoto-Gusau) e Dogon Karfe (ao longo da estrada Sokoto-Jega). O Estado de Sokoto está situado na parte noroeste da Nigéria (latitudes 14-15°N e longitudes 4-5°E)'. Tem uma temperatura máxima de 41°C e uma mínima de 13°C (atingida nos meses de abril e janeiro, respetivamente) (Mamman *et al.,* 2000). Caracteriza-se pela alternância de estações chuvosas e secas. A precipitação anual é de cerca de 760 mm por ano (Ojanuga, 2004). A estação harmattan estende-se de novembro a março, quando há vento seco e carregado acompanhado de poeira (SEPP, 1996).

A vegetação de Sokoto é caracterizada por gramíneas, arbustos e árvores dispersas de pequeno porte. A paisagem é ondulante e rochosa e o tipo de solo é predominantemente arenoso a franco-arenoso, com baixa fertilidade. As actividades económicas da população de Sokoto são sobretudo o cultivo de culturas arvenses, a criação de animais (gado e aves de capoeira), a pesca, o trabalho em couro, o comércio, a ferraria e o curtume. Os habitantes são predominantemente Hausa e Fulani (Mamman *et al.,* 2000).

Participantes

Um total de vinte e nove (29) inquiridos (vendedores ambulantes) foram consultados através de entrevistas pessoais. A ênfase foi colocada no fornecimento das aves e nos diferentes canais através dos quais eram obtidas pelos vendedores ambulantes, com o objetivo de chegarem aos bandos das aldeias, que servem de repositório para os produtos avícolas comercializados.

Materiais

O questionário, que era aberto, abrangia itens como: os dados do inquirido, espécies de aves de capoeira e fornecimento de ovos, motivação, desafios e perspectivas.

Procedimento

Os dados recolhidos foram analisados através de estatísticas descritivas (média, desvio-padrão, proporção e amplitude).

Capítulo 3

Resultados

Localização dos inquiridos

O inquérito abrangeu 14 vendedores ambulantes de aves e ovos em Gangaren Dange e 15 vendedores ambulantes em Dogon Karfe, o que perfaz um total de 29 inquiridos (Quadro 1).

Tempo de experiência dos vendedores ambulantes de aves de capoeira

Os resultados obtidos no inquérito mostraram que (62%) dos vendedores de aves de capoeira tinham uma experiência de cerca de 20 anos no negócio, enquanto os outros (38%) tinham uma experiência de cerca de 10 anos. Por conseguinte, a maioria dos inquiridos estava no negócio há bastante tempo.

A base de capital dos vendedores ambulantes de aves de capoeira

A maioria dos vendedores ambulantes (72%) tinha um capital médio de N18.034,48 (Tabela 3).

As espécies de aves de capoeira vendidas

A maioria dos inquiridos (97%) vendia tanto galinhas domésticas como galinhas d'angola. Apenas 3% deles vendiam apenas galinhas d'angola (Quadro 5). Nenhum vendeu apenas galinhas domésticas.

Origem dos produtos de aves de capoeira

A maior parte dos vendedores ambulantes de aves de capoeira (cerca de 76%) abastecia-se dos seus produtos (galinhas e ovos) junto de colectores rurais, enquanto os restantes (74%) se deslocavam às aldeias vizinhas para obter os materiais.

Número de colectores por vendedor ambulante

O estudo revelou que a maioria dos vendedores ambulantes de aves de capoeira (cerca de 52%) não tinha mais de três colectores. Vinte e quatro por cento não tinham colectores (Quadro 8).

Regularidade do abastecimento dos colectores

A maioria dos inquiridos (72%) recebia até três produtos por semana, enquanto (3%) recebia até seis produtos por semana (Quadro 9). Os restantes (24%) não compravam aos colectores.

Evolução da oferta de produtos de aves de capoeira

A partir da tabela 10, a maioria (38%) dos vendedores ambulantes apercebeu-se de que a oferta de aves e ovos estava a aumentar. Cerca de (28%) disseram que a oferta estava a diminuir devido à baixa produção, enquanto cerca de (14%) deles não notaram qualquer alteração na oferta.

Venda de galinhas e ovos

O Quadro 11 mostra que nem todos os vendedores ambulantes vendiam ovos; (48%) deles não vendiam ovos. Os ovos são perecíveis e os vendedores ambulantes não dispõem de instalações de armazenamento para os ovos.

Número de galinhas e ovos vendidos por dia

A partir do Quadro 12, pode ver-se que a maioria dos vendedores ambulantes (31%) vendeu 29 aves por dia, enquanto o menor número de aves vendidas por dia foi uma.

Cerca de (41%) dos vendedores ambulantes não especificaram o número de aves vendidas por dia. Quanto aos ovos, a maioria dos vendedores ambulantes (55%) não especificou o número de ovos vendidos por dia. Os quadros 3 a 6 apresentam uma descrição dos pontos de venda ambulante e da exposição dos produtos.

Compradores de produtos de aves de capoeira em locais de venda ambulante

Os compradores mais regulares de galinhas e ovos no local de venda ambulante, segundo a maioria dos inquiridos (59%), eram viajantes (Quadro 13). Isto deve-se ao facto de os dois locais de venda ambulante se situarem ao longo de duas estradas principais do Estado de Sokoto.

Período Hawking

A maioria dos vendedores ambulantes (83%) chegou ao local de venda ambulante de manhã e permaneceu lá até ao fim da tarde (principalmente à hora da oração do Magrib). Isto perfaz um total de cerca de 10 horas (Quadro 14). Alguns dos vendedores ambulantes que não estavam totalmente envolvidos no negócio (10%) saíam a qualquer hora do dia.

Desafios enfrentados na atividade

A Tabela 15 mostra que o maior desafio enfrentado pelos vendedores ambulantes de aves de capoeira foi o baixo patrocínio indicado pela maioria dos inquiridos (66%). Apenas (10%) deles se queixaram de capital insuficiente para sustentar o negócio, enquanto quase (7%) se queixaram de doenças. Cerca de (17%) dos vendedores ambulantes estavam satisfeitos.

Ultrapassar os desafios

A Tabela 16 mostra como os desafios enfrentados pelos vendedores ambulantes de aves poderiam ser superados. Cerca de (62%) dos vendedores ambulantes acreditavam que os desafios eram naturais; o homem não tem controlo sobre eles. No entanto, cerca de (17%) deles sugeriram que o apoio do governo poderia ajudar a fornecer capital suficiente para gerir o negócio. O abate de aves infectadas foi considerado um remédio por cerca de (10%) dos vendedores ambulantes, enquanto os restantes (10%) estavam indecisos.

Capítulo 4

Discussão

A maioria dos inquiridos estava no negócio há bastante tempo. Isto está de acordo com o facto de a maioria dos vendedores ambulantes ter 36 anos ou mais (Quadro 2). Tinham uma experiência de cerca de 20 anos no negócio. O baixo capital médio de N18.034,48 pode ser um fator que facilita a entrada da população rural no negócio. A venda de galinhas-d'angola ocorre sobretudo na época das chuvas, quando as galinhas produzem mais ovos. As aldeias de onde provêm os produtos avícolas incluem Wababi, Gi'eri e Illela bisallam *em* Dange *Local*

Governo e Dandun Mahe (Administração Local de Shagari), Dogon Daji e Jabo (Administração Local de Tambuwal), Jabe, Kabawa e Dabaga (Administração Local de Yabo) e Lozobi e Arewa (Administração Local de Bodinga). Mais de 80% da produção mundial de aves de capoeira é efectuada nos sistemas de produção das aldeias, contribuindo até 90% dos produtos avícolas em alguns países em desenvolvimento (Gueye, 1998).

O número reduzido de colectores por vendedor ambulante pode dever-se ao facto de eles (vendedores ambulantes) não quererem comprar aves insalubres a colectores rurais desconhecidos. A regularidade no fornecimento dos produtos pode ser o resultado do custo de gestão porque, relativamente a outras espécies pecuárias, a produção de galinhas tem as vantagens de ter um retorno rápido do investimento e práticas de gestão relativamente simples com numerosos mercados para os produtos. A maioria dos consumidores prefere os ovos não fertilizados vendidos no mercado, porque alguns dos ovos vendidos por estes vendedores ambulantes de aves podem até ser encontrados com embriões em desenvolvimento. A venda de produtos, especialmente de ovos em unidades de baixo valor, torna os produtos de galinha acessíveis aos escalões de rendimento mais baixos (Say, 1987; FAO, 1997). A possível razão para o aumento da oferta dos produtos pode ser o facto de a base de capital necessária para criar as aves ser baixa. A venda de produtos avícolas está a aumentar e a diversificar as receitas do sector pecuário. O subsector das aves de capoeira cria emprego e promove o desenvolvimento económico global. Culturalmente, as galinhas indígenas têm sido utilizadas na medicina tradicional e para vários direitos culturais (Dessie, 1996; King'ori, 2004; Moreki *et al,* 2010).

A razão provável para o número baixo e não especificado de ovos vendidos por dia pode ser o facto de a galinha da aldeia ser uma fraca produtora de ovos, pondo em média 40 a 60 ovos por ano em três ou quatro ninhadas, com um peso médio de ovo de cerca de 35-45 gramas (Gueye, 1998). Esta baixa taxa de postura deve-se a vários factores: baixo potencial genético; efeitos sazonais; baixos níveis de nutrição; e a falta de capacidade de criação. As galinhas indígenas têm geralmente um tamanho corporal pequeno; para as raças de galinhas africanas e asiáticas, o peso corporal maduro varia entre 1,3 e 1,9 kg para os machos e entre 1,0 e 1,4 kg para as fêmeas (Musharaf, 1990; Shanawany e Banerjee, 1991). Alguns dos vendedores ambulantes não estavam totalmente empenhados no negócio, provavelmente porque as aves de capoeira da aldeia ajudam a diversificar os rendimentos, fornecem alimentos e fertilizantes de alta qualidade e actuam como forma de poupança e seguro do agregado familiar. Estudos de impacto demonstraram que o rendimento da venda de ovos no sul da Ásia é utilizado para educar as crianças e iniciar o processo de acumulação de activos (Dolberg, 2003). A produção avícola enfrenta alguns desafios, uma vez que a maior parte das aves de capoeira na Nigéria é mantida num sistema de gestão extensivo com poucos factores de produção. Em todo o mundo, há um interesse renovado nos sistemas tradicionais de produção avícola (Panda e Mohapatra, 1998). Vale a pena notar que as perdas significativas de aves de capoeira nas aldeias se devem à predação e ao roubo, uma vez que a maioria das famílias não providencia alojamento para as suas aves. Estas aves encontram-se em grande número, distribuídas por diferentes zonas agro-ecológicas, num sistema tradicional de gestão familiar (Sonaiya e Olori, 1990). A maior parte das aves são mantidas em pequenos bandos sob um sistema de recolha e os recursos alimentares para as aves são o lixo doméstico, os restos de colheita, as ervas, as sementes, as ervas verdes, as minhocas, os insectos e uma pequena quantidade de alimentos suplementares oferecidos pelos proprietários dos bandos.

Referências

Aboki E., Jongur A. A. U. e Onu J. I. (2013). Produtividade e técnica Eficiência da produção avícola familiar na área de governo local de Kurmi do estado de Taraba, Nigéria. Journal of Agriculture and Sustainability. 4(1): 52 66.

Ajayi F. O. (2010). Nigerian Indigenous Chicken: A Valuable Genetic Resource for meat and egg Production [Um recurso genético valioso para a produção de carne e ovos]. Asian Journal of Poultry Science. 4:164 - 172.

Alabi R. A., Esobhawan A. O. e Aruna M. B. (2006) Determinação econométrica da contribuição das aves de capoeira familiares para o rendimento das mulheres no delta do Níger, Nigéria. *Journal of Central European Agriculture,* 7:753 -760.

Alders R. G. (2004). Aves de capoeira para lucro e prazer. *FAO Diversification Booklet* 3. Roma, Organização das Nações Unidas para a Alimentação e a Agricultura

Branckaert, R. D. S. (1997). A FAO e o desenvolvimento da avicultura rural: E. B. Sonaiya (ed) *Sustainable Rural Poultry Production in Africa.*

Dessie T. (1996). Studies on village poultry production systems in the Central Highlands of Ethiopia (Tese de Mestrado). Universidade Sueca de Ciências Agrícolas, Uppsala, Suécia).

Dolberg F. (2003). Review of household poultry production as a tool in poverty reduction with focus on Bangladesh and India. *FAO pro-poor Livestock Policy Initiative Working Paper* No.6.

Ebozoje M. O. e Ikeobi C. O. N. (1995). Productive performance and occurence of major genes in the Nigerian local chicken, 10: 67-77.

FAO (1997). Human Nutrition in the Developing World (Nutrição Humana no Mundo em Desenvolvimento). Latham M.C. FAO Food and Nutrition. Série No. 29.

FAO (2000). Base de dados estatísticos da Organização das Nações Unidas para a Alimentação e a Agricultura, Roma, Itália. http://www.faostat.org

Fayeye R. e Oketoyin A.B. (2006). Caracterização do ecótipo de galinha Fulani para o gene da pena termorreguladora. Livestock Research for Rural Development 18: Artigo #45.

Gibson J., Gamage S., Hanotte O., Iniguez L., Maillard J. C., Rischkowsky B., Scmambo D. e Toll J. (2006). Options and Strategies for the Conservation of Farm Animal Genetic Resources (Opções e estratégias para a conservação dos recursos genéticos dos animais de criação): *Report of an international workshop and presented papers* (7 to 10 November 2005, Montpelier, France) CGIAR System-wide Genetic Resources Programme (SGRP) International Plant Genetic Resources Institute, Rome, Italy.

Gichohi C.M. e Maina J.G. (1992). Poultry Production and Marketing, Ministério da Produção Pecuária. Documento apresentado em Nairobi-Kenya, 23-27 de novembro.

Gueye E. F. (1998). Village egg and fowl meat production in Africa (Produção de ovos e carne de galinha na aldeia em África). *World's Poultry Science Journal,* 54: 73-86.

Gueye E. F. (2002). Geração de emprego e rendimento através da avicultura familiar em países de baixo rendimento com défice alimentar. *World's Poultry Science Journal,* 58: 541-557.

Gueye E. F. (2009). O papel da rede na disseminação de informações para avicultores familiares. World's Poult. Sci. J., 65: 112 - 123.

Ikeobi C. O. N., Ozoje M. O. O., Adebambo A., Adenowo J. A. e Osinowo O. A. (1996). Genetic differences in the performance of local chicken in southwestern Nigeria, 11: 33-39.

Iyer S. G. (1950). Improved indigenous hen evolved by selective breeding. *Indian Veterinary Journal,* 26: 80-86.

Jensen H. K. e Dolberg F. (2002). The Bangladesh model and other experiences in family poultry development. A concetual framework for using poultry as a tool in poverty alleviation INFDP E-conferences. *International Network for Family Poultry Development (Rede Internacional para o Desenvolvimento da Avicultura Familiar).*

King'ori A. M. (2004). The protein and energy requirements of indigenous chickens *('Gallus domesticus)* of Kenya Tese de doutoramento. Universidade de Egerton, Quénia.

Kitalyi A. J. (1998). Village Chicken Production systems in rural Africa, Household food security and gender issue (Sistemas de produção de galinhas de aldeia na África rural, segurança alimentar das famílias e questões de género). FAO Animal Production and Health paper No. 142. Organização das Nações Unidas para a Alimentação e a Agricultura. Roma, Itália. Pp 81.

Mamman A. B., Oyebanji J. 0. e Petters S. W. (2000). Nigéria, *Povo Unido, Um Futuro Assegurado* (Inquérito aos Estados) Vol. 2 Gabumo Publishing Co. Ltd. Calabar, Nigéria.

Mengesha M. (2012). Produção de Frango Indígena e as Caraterísticas Inatas. Asian J.

of Poult. Sci.

Minga U. M., Msoffe P. L. e Gwakisa P. S. (2004). Biodiversidade (variação) na resistência a doenças e em agentes patogénicos em galinhas rurais. *Actas do* XXII *Congresso Mundial de Avicultura,* Istambul, Turquia.

Momoh O. M., Tule J. J. e Nwosu C. C. (2004). Backward integration in natural incubation of local chickens using the basket system, *Actas da 29th conferência anual da Sociedade Nigeriana de Produção Animal,* 21 -25^{stth} março de 2004. Universidade Usmanu Danfodiyo de Sokoto, 29: 36-39.

Moreki J. C., Dikeme R. e Poroga B. (2010). The role of village poultry in food security and HIV/AIDS mitigation in Chobe District of Botswana, 22, Article #5, http://www.lrrd.Org/lrrd22/3/more22055. htm.

Musharaf M. (1990). Rural poultry production in Sudan. *Procedimentos de um Workshop sobre o Desenvolvimento da Avicultura Rural em África,* Ile-lfe, pp 160-165.

Ndofor H. M. (2003). Estimativas de parâmetros genéticos de caraterísticas de crescimento de ecotipos locais de galinhas criadas em Nsukka. Tese de Mestrado, Departamento de Ciência Animal. Universidade da Nigéria, Nsukka. 72 pp.

Nwosu C. C. (1990). The state of smallholder rural poultry production in Nigeria: Actas de um Workshop Internacional. Thessaloniki, Grécia.

Ojanuga A. G. (2004). *Mapa das zonas agro-ecológicas da Nigéria.* Programa Especial Nacional de Segurança Alimentar, FAO-UNESCO. 124pp.

Panda B. e Mohapatra S. C. (1998). Poultry development in india. *Worlds' Poultry Science Journal,* vol. 49: 127 - 133.

Perry B. D., Randolf T. F., McDormott J. J. e Thornton P. K. (2002). Investing in animal health research to alleviate poverty". ILRL, Nairobi, Quénia, pp: 148.

Pym R. A., Guerne E., Bleich E. e Hoffmann I. (2006). The relative contribution of indigenous chicken breeds to poultry meat and egg production and consumption in the developing countries of Africa and Asia (A contribuição relativa das raças autóctones de galinhas para a produção e consumo de carne e ovos de aves de capoeira nos países em desenvolvimento de África e da Ásia). *Actas da* XXII *Conferência Europeia de Avicultura,* Verong, Itália.

Rahman M., Sorensen P., Jensen H. A. e Dolberg F. (1997). Exotic hens under semi scavenging conditions in Bangladesh (Galinhas exóticas em condições de semi-cativeiro no Bangladesh). *Livestock Research for Rural Development,* 9: 1-11.

Raji A. O., Aliyu J. e Dunya A. M. (2007). Caraterísticas físicas de galinhas nativas na zona norte e ecológica da Nigéria. *Jornal de Agricultura Árida*, 17: 00-00.

Say R. R. (1987). Manual of Poultry Production in the Tropics (Manual de Produção de Aves nos Trópicos). Centro Técnico de Cooperação Agrícola e Rural. CAB International: 118.

SEPP (1996). Sokoto Environmental Protection Programme Meteorological data, não publicado.

Shanawany M. M. e Benerjee A. K. (1991). Indigenous chicken genotypes of Ethiopia (Genótipos de galinhas indígenas da Etiópia). *Animal Genetic Resources Information,*

8: 84-88.

Sonaiya E. B. e Olori V. E. (1990). Village poultry production in south western Nigeria (Produção avícola de aldeia no sudoeste da Nigéria): Sonaiya E. B. (Ed): Actas de um seminário internacional realizado em Ile-Ife. Nigéria, 13-16 de novembro de 1989, pp: 243-249

Sonaiya E. B., Ologun E .A., Matanmi O., Daniyan O. C., Ogunede E. A., Omaseibi O. e Olori V. E. (1992). Aspectos sanitários e zootécnicos da produção extensiva de aves de capoeira numa aldeia do sudoeste da Nigéria. In: Village Poultry Production in Africa. *Actas de um Workshop Internacional* realizado em Rabat, Marrocos, 7-11 de maio

Sonaiya E. B., Branckaert R. D. S. e Gueye E. F. (1999). Opções de Investigação e Desenvolvimento para a Avicultura Familiar. *Conferência Eletrónica da FAO sobre Avicultura Familiar.* 7 de dezembro de 1998 a 5 de março de 1999.

Weigend S., Romanov M. N. e Rath D. (2004). Methodologies to identify evaluate and Conserve poultry genetic resources. http://www.fao.org/Ag/AGAInfo/themes/en/infpd/documents/papers/2004/m eth odoligies297.pd

Wimmers K., Ponsuksili S. T., Flardge A., Valle-Zarate P., Mathur K. e Horst P. (2000). Genetic distinctness of African, Asian and South American local chickens, 31: 159-165.

APÊNDICES

Apêndice I

DEPARTAMENTO DE CIÊNCIA ANIMAL

FACULDADE DE AGRICULTURA,

UNIVERSIDADE USMANU DANFODIYO, SOKOTO.

Lista de controlo da recolha e comercialização de frangos e ovos em Gangaren Dange e Dogon Karfe ao longo das estradas principais de Gusau e Jega, respetivamente.

1. O inquirido: ______________________________

2. Idade: : ______________________________

3. Estado civil: ______________________________

4. Endereço: ______________________________

5. N.º GSM: ______________________________

6. Tempo de experiência: ______________________________

7. Base de capital: ______________________________

8. Fornecimento e eliminação de stocks e produtos: ______________________________

9. Espécies de aves de capoeira: : ______________________________

10. Qual é a origem das suas aves? : ______________________________

11. Localização: : ______________________________

12. Quem são os seus fornecedores? : ____

13. A quantos coleccionadores compra? : ____________________________

14. Onde é que os vossos coleccionadores se abastecem de galinhas e ovos? _______________

15. Qual é a regularidade dos fornecimentos? : ____________________________________

16. Vendem galinhas e ovos? Yes/No: ______________________________

17. Quantas galinhas e ovos traz um coletor por abastecimento? : _______________

18. Quantas galinhas vende por dia: ___________________________

19. Qual é a estirpe das suas aves? ___________________________________

20. Qual é a estirpe dominante? : ____________________________________

21. Qual dos sexos vende: _________________________________

22. Quantos ovos se vendem por dia? : _____________________________

23. Quantas aves/ovos traz para o seu pavilhão por dia: ______________

24. Como é que se diferencia um óvulo fertilizado de um não fertilizado quando se recolhe?

25. Para que é que as pessoas compram os ovos? : __________________________

26. Quem são os seus compradores mais regulares?

____

27. O período da sua estadia na operação por dia (de quando a quando)?

28. Por favor, dê informações sobre os seus últimos 3 dias de abastecimento: _____________________

Nº. DE GALINHAS FORNECIDAS		Nº. DE AVES VENDIDAS		NÃO. DE OVOS	
DIA HOMEM	FEMININO	MACHO	FEMININO	FORNECIDO	VENDIDO
1.					
2.					
3.					

Geral: Motivação, desafios e perspectivas

29. O que é que o motivou a dedicar-se a esta atividade? ___________________________

30. Qual é a sua opinião sobre a oferta de galinhas e ovos? ___________________

31) Se a oferta estiver a aumentar ou a diminuir, indicar a possível razão da tendência

32) Quais são os desafios que enfrenta na sua atividade? ________________________

33. Como pensa que os desafios podem ser ultrapassados? __________________________

Comentar as perspectivas da empresa: ____________________________________

Apêndice II

	A	B	C	D	E	F	G
1	40	1	1	2	3	5	3
2	32	1	1	2	1	1	2
3	40	2	1	2	1	1	1
4	25	1	1	2	1	1	1
5	30	1	1	2	1	2	0
6	33	3	1	2	3	2	1
7	30	3	1	2	2	2	1
8	40	4	1	2	3	2	1
9	37	4	1	2	3	2	1
10	47	5	1	2	2	1	0
11	42	2	1	2	1	2	1
12	40	2	1	2	1	1	1
13	38	1	1	2	3	2	0
14	42	4	1	2	3	2	0
15	40	6	1	2	2	2	2
16	30	7	1	2	2	2	1
17	50	6	1	2	3	1	2
18	25	8	1	1	1	2	1
19	35	8	1	2	2	2	1
20	45	9	1	2	3	3	2
21	30	6	1	2	2	2	2
22	39	7	1	2	3	2	1
23	42	6	1	2	3	2	2
24	30	7	1	2	2	2	1
25	47	6	1	2	4	2	2
26	36	6	1	2	2	2	2
27	40	7	1	2	2	2	2
28	40	7	1	2	3	2	1
29	40	6	1	2	3	2	2

	H	I	J	K	L	M	N
1	3	1	1	1	1	1	0
2	3	2	1	0	0	1	3
3	1	1	1	1	1	1	2
4	3	1	1	1	1	1	3
5	3	1	1	1	1	2	0
6	3	1	1	1	1	2	0
7	3	1	1	1	1	1	3
8	3	1	1	1	1	2	0
9	3	1	1	1	1	1	3
10	3	1	1	0	1	1	2
11	3	2	1	0	0	1	2
12	3	2	1	0	0	1	2
13	3	1	1	0	1	1	0
14	3	1	1	1	1	1	0
15	3	2	2	0	0	2	3
16	3	1	2	1	1	2	2
17	3	1	2	0	2	1	0
18	3	2	2	0	0	2	2
19	3	1	2	1	1	2	3
20	3	1	2	1	1	2	3
21	3	1	2	0	1	1	0
22	3	1	2	0	1	2	0
23	3	2	2	0	0	2	3
24	3	1	2	1	1	2	2
25	3	1	2	0	0	1	0
26	3	2	2	0	1	2	3
27	3	1	2	0	1	2	0
28	3	1	2	1	1	2	1
29	3	1	2	1	1	1	0

	O	P	Q	R	S	T	U
1	3	2	2	5	1	2	1
2	3	7	1	5	1	2	1
3	3	1	1	0	1	2	1
4	3	2	1	5	1	2	1
5	3	8	1	5	1	2	1
6	3	8	1	5	4	2	2
7	3	2	2	5	4	2	2
8	3	8	2	4	1	1	2
9	3	1	1	4	1	1	2
10	3	1	3	0	4	2	1
11	3	1	3	5	2	2	1
12	3	1	3	0	4	2	1
13	3	8	1	5	3	3	2
14	3	2	2	5	1	1	1
15	3	8	2	5	1	5	4
16	3	8	1	5	3	2	3
17	3	4	1	5	2	2	1
18	3	8	1	5	2	2	1
19	3	8	1	5	3	3	3
20	3	8	1	5	3	5	1
21	3	8	2	5	2	2	1
22	3	8	1	5	2	2	1
23	3	8	2	5	1	5	4
24	3	8	1	5	3	2	1
25	3	4	1	5	2	2	1
26	3	8	2	5	1	5	4
27	3	8	2	5	2	5	1
28	3	8	1	5	3	2	3
29	3	4	1	5	2	2	1

CHAVES

a. Idade

b. ENDEREÇO (l.Adarawa 2.Bode 3.Makera 4.Fajaldu 5.Waramu 6.Jaredi 7.Sahwari 8.Dandun Mahe 9.Bodinga)

c. SEXO (1.Masculino e 2.Feminino)

d. ESTADO CIVIL (1. Solteiro e 2. Casado)

e. DURAÇÃO DA EXPERIÊNCIA (1.5-10 2.11-15 3.16-20 4.21-25 5.26 e mais)

f. BASE DE CAPITAL (N) (1.5000-14000 2.15000-24000 3.25000-34000 4.35000-44000 5.45000-54000)

g. RENDIMENTO SEMANAL (N) (1.1000-1999 2.2000-2999 3.3000-3999 4.40004999 5.5000 e superior).

h. ESPÉCIES DE AVES (1. galinha doméstica 2. galinha da Guiné 3. galinha doméstica e galinha da Guiné).

i. FONTE DE PRODUTOS DE AVES DE CAPOEIRA (1.Colectores rurais e 2.Self).

j. LOCALIZAÇÃO (l.Gangaren Dange e 2.Dogon Kaife).

k. NÚMERO DE COLECTORES (1,1-3 2,4-6 3,6 e mais)

l. REGULARIDADE DO FORNECIMENTO POR SEMANA (1,1-3 vezes 2,4-6 vezes 3,7 e superior).

m. VENDA DE PRODUTOS (1. galinhas e 2. ovos).

n. NÚMERO DE ALMOFADAS VENDIDAS POR DIA (1.1-9 2.10-19 3.20-29 4.30

e mais)

o. SEXO DAS AVES (1.Macho 2.Fêmea e 3.Ambos).

p. NÚMERO DE OVOS VENDIDOS POR DIA (1.0-199 2.200-399 3.400-599 4.600-799 5.800 e mais).

q. CATEGORIA DE COMPRADORES (1. Viajantes 2. Funcionários públicos e 3. Transeuntes).

r. PERÍODO DE HAWKING (horas) (1.0-2 2.2-4 3.4-6 4.6-8 5.8-10 6.10 e superior).

s. TENDÊNCIA DA FORNECEDORIA (1.Crescente 2.Decrescente 3.Flutuante e 4. Normal).

t. DESAFIOS DA ACTIVIDADE (1. capital insuficiente 2. mercado fraco 3. doença 4. custo de manutenção e 5. satisfatório).

u. SUPERAR OS DESAFIOS (l.De Deus 2.Apoio do Governo 3.Abate de aves infectadas e 4.Indecisos)

Nota do autor

Este exemplo de manuscrito apresenta dados publicados pela Scholars' Press (2017).

Tabelas

Tabela 1: Distribuição dos vendedores ambulantes de aves e ovos de acordo com a localização

Localização	Frequência	Proporção (%)
Gangaren Dange	14	48.28
Karfe Dogon	15	51.72
Total	29	100

Tabela 2: Distribuição dos vendedores ambulantes de aves domésticas de acordo com a idade e o tempo de experiência

Caraterística	Frequência	Proporção (%)
Tempo de experiência (ano)		
5-10	7	24.14
11-15	9	31.03
16-20	12	41.38
21-25	1	3.45
Total	29	100
Idade dos inquiridos (ano)		
25-30	7	24.14
31-35	3	10.34
36-40	12	41.38
41 -45	4	13.79
46 - 50	3	10.34
Total	29	100

Quadro 3: Distribuição dos vendedores ambulantes de acordo com a base de capital

Base de capital (#)	Frequência	Proporção (%)
5000-14000	6	20.69
15,000-24,000	21	72.41
25,000-34,000	1	3.45
Acima de 34.000	1	3.45
Total	29	100

Quadro 4: Distribuição dos vendedores ambulantes de aves de capoeira de acordo com o rendimento semanal

Rendimento semanal (#)	Frequência	Proporção (%)
1000-1999	14	48.28
2000 - 2999	10	34.48
3000 - 3999	1	3.45
Sem resposta	4	13.79
Total	29	100

Quadro 5: Distribuição dos vendedores ambulantes de acordo com as espécies de aves de capoeira vendidas

Espécies	Frequência	Proporção (%)
Galinha d'angola	1	3.45
Galinhas domésticas e pintadas	28	96.55
Total	29	100

Quadro 6: Médias e desvios-padrão para a base de capital, o rendimento semanal estimado e o número de colectores

Parâmetro	Média	desvio padrão
Base de capital (#)	18,034.48	7566.29
Rendimento semanal (#)	1,468.96	765.36
N.º de colectores	1.44	1.45

Quadro 7: Distribuição dos vendedores ambulantes de aves de capoeira segundo a origem dos produtos

Fonte	Frequência	Proporção (%)
Coletor rural	22	75.86
Autónomo	7	24.14
Total	29	100

Quadro 8: Distribuição dos vendedores ambulantes segundo o número de colectores

N.º de colectores	Frequência	Proporção (%)
1-3	15	51.72
Muitos	7	24.14
Nenhum	7	24.14
Total	29	100

Quadro 9: Distribuição dos vendedores ambulantes segundo a regularidade do abastecimento

N.º de fornecimentos pe r semana	Frequência	Proporção (%)
1-3	21	72.41
4-6	1	3.45
Nenhum	7	24.14
Total	29	100

Quadro 10: Distribuição dos vendedores ambulantes de acordo com a evolução da oferta de produtos avícolas

Evolução da oferta	Frequência	Proporção (%)
Aumentar	11	37.93
Diminuição	8	27.59
Flutuante	6	20.69
Normal	4	13.79
Total	29	100

Quadro 11: Distribuição dos vendedores ambulantes de acordo com os tipos de produtos vendidos

Venda de	Frequência	Proporção (%)
Fowls Sim	15	51.72
Não		
Ovos Sim	14	48.28
Não		
Total	29	100

Quadros 12: Distribuição de acordo com o número de galinhas e ovos vendidos por dia

Produtos	Frequência	Proporção (%)
Galinhas		
1-9	1	3.45
10-19	7	24.14
20-29	9	31.03
Sem resposta	12	41.38
Total	29	100
Média ± S.D	9.41	9.29
Ovos		
0-199	8	27.59
200 - 399	3	10.34
800 e superior	2	6.90
Sem resposta	16	55.17
Total	29	100
Média ± S.D	74.82	189.33

Quadro 13: Distribuição dos vendedores ambulantes segundo as categorias de compradores

Categorias de compradores	Frequência	Proporção (%)
Viajantes	17	58.63
Trabalhadores da administração pública	9	31,03

Transeuntes	3	10.34
Total	29	100

Quadro 14: Distribuição dos vendedores ambulantes segundo o período de venda

Período de Hawking (horas)	Frequência	Proporção (%)
6-8	2	6.90
8-10	24	82.76
Sem resposta	3	10.34
Total	29	100

Tabela 15: Distribuição dos vendedores ambulantes de acordo com os desafios enfrentados no negócio

Desafio	Frequência	Proporção (%)
Capital insuficiente	3	10.34
Mercado baixo	19	65.52
Doenças	2	6.90
Satisfatório	5	17.24
Total	29	100

Quadro 16: Distribuição dos vendedores ambulantes de acordo com a forma como os desafios podem ser ultrapassados

Como ultrapassar	Frequência	Proporção (%)
De Deus	18	62.8
Apoio governamental	5	17.24
Abate de animais infectados	3	10.34
Indecisos	3	10.34

Total	29	100

Quadro 17: Catálogo de nomes locais de aves de capoeira em Sokoto.

Espécies	Nome	Descrição fenotípica	Base da denominação
Galinha	*Jajjaye*	De cor vermelha	Aspeto físico
	Despertar	Ter pontos diferentes	
	Farare	De cor branca	
	Bakake	Cor preta	
	Uzugu	Frizzled (com penas ásperas)	
	Shikirkita	Barrado	
Guiné	*Fara*	De cor branca	Aspeto físico
Aves	*Dudu/Baka*	Cor preta	
	Saki	(Cinza com manchas brancas)	
	Ruwan siminti	(Cinza)	

Placas

Placa 1: Algumas galinhas d'angola em Gangaren Dange

Placa 2: Algumas aves domésticas no karfe Dogon

Placa 3: Vendedor ambulante em Gangaren Dange exibindo as suas aves para venda

Placa 4: Vendedor ambulante em Dogon Karfe exibindo as suas aves para venda

Placa 5: Uma estrutura de colmo em Dogon Karfe sob a qual se sentam os vendedores ambulantes

Placa 6: Algumas aves domésticas em Gangaren Dange

yes

I want morebooks!

Buy your books fast and straightforward online - at one of world's fastest growing online book stores! Environmentally sound due to Print-on-Demand technologies.

Buy your books online at
www.morebooks.shop

Compre os seus livros mais rápido e diretamente na internet, em uma das livrarias on-line com o maior crescimento no mundo! Produção que protege o meio ambiente através das tecnologias de impressão sob demanda.

Compre os seus livros on-line em
www.morebooks.shop

Printed by Books on Demand GmbH, Norderstedt / Germany